AF454055

LE
CORPS AROMAL

OU

RÉPONSE EN UN SEUL MOT

A L'ACADÉMIE DES SCIENCES PHILOSOPHIQUES
A PROPOS DU CONCOURS PROPOSÉ PAR ELLE SUR QUELQUES QUESTIONS
RELATIVES A

L'ANDRO-MAGNÉTISME

PAR

M. VICTOR MICHAL

> Je dis andro-magnétisme par opposition
> au zoo-magnétisme et au végéto-magné-
> tisme, existant tous deux d'une manière dis-
> tincte et ayant leur raison d'être spéciale.
>
> L'AUTEUR.

Explication vraie des Tables tournantes et parlantes

PARIS

EN VENTE CHEZ TOUS LES LIBRAIRES

—

1854

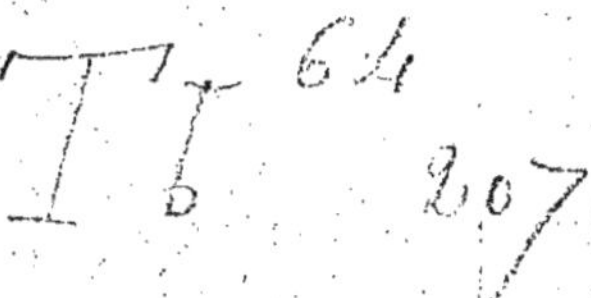

mense avantage remporté sur les *spéciosités* des matérialistes.

L'homme complet est donc composé d'un corps et d'une âme, matière et esprit pur. Cela suffit-il pour constituer un tout agissant, pensant, vivant, etc. ? Je ne le crois pas, et bien d'autres voix avant la mienne ont sollicité l'admission, au nombre des choses reconnues existantes, d'un troisième élément qui, matière quintessenciée, fluidique, analogue aux *impondérables*, dont il est un splendide composé, servirait de transition entre l'esprit pur et la matière, et de moyen d'action du premier sur la seconde. De même Dieu, esprit pur, a pour moyen d'action sur la matière universelle l'éther, cet infini réservoir de fluides en vibration perpétuelle. C'est à cause de ce point de similitude que l'homme est dit : fait à l'image de Dieu.

J'appuie sur l'existence d'un intermédiaire parce que, une fois qu'il sera admis, aucun des phénomènes produits dans le magnétisme ne sera plus qu'un fait simple, explicable et expliqué *à priori*, et que la *nature*, en tant qu'*humanité*, sera un livre ouvert où *tout* le monde pourra lire.

Notez que je ne dis rien qui soit trop absurde. La science trouve avec des électroscopes un fluide nerveux.

Les chrétiens ont les corps glorieux.

Les magnétiseurs ont le fluide magnétique.

La croyance superstitieuse, et l'homme n'invente rien, admet les esprits, et cela dans bien des religions, etc.

Admettons une minute, nous autres, cet intermédiaire.

Fourier l'appelle le corps *arômal*.

Je l'appellerais fluide andro-magnétique.

Nous aurons alors trois choses dans l'homme, dont deux inséparables, l'âme et le corps arômal, puis la matière. Maintenant, trouverons-nous pourquoi saint Thomas dit que les âmes sont égales entre elles ? C'est que l'inégalité ne commence qu'avec l'union de l'âme et du corps arômal, et qu'avec l'idée qu'avait saint Thomas de la justice de Dieu, il ne pouvait pas admettre d'inégalité absolue et en principe. Du reste, il n'est pas démontré pour moi que la vraie inégalité ne soit pas exclusivement inhérente à la matière. C'est une autre question.

Pour matérialiser ma pensée je dirai : Il est quelque part dans l'espace un vaste réservoir de fluide *andro-magnétique*, animé par l'âme universelle dans des rapports déterminés, et dont, à un moment donné, il se détache une *bulle* qui devient ce que le langage ordinaire dit : *la sphère d'un homme.*

Pourquoi ne serait-ce point ? Dites-moi, monsieur l'académicien, si je suis fou, où donc est la sagesse que je la prenne au collet. Mais si j'ai une sphère spéciale, si vous en avez une, si chacun a la sienne, il n'y a plus de mystères dans la vie humaine ; le magnétisme est une très-bonne chose dont on doit se servir, sans s'inquiéter si Alexis ne voit pas toujours juste ; qu'est-ce que ça fait ? puisque je vous ôte le mal de tête, et que Legallois fait voir des aveugles [1].

Ceci ne vous est pas démontré à vous, mais tant d'honnêtes gens disent qu'ils ont vu, qu'ils ont pris toutes les mesures pour ne point être trompés, etc. ! Ne pourriez-vous vous tromper vous-même ?

Pour moi, il existe un certain nombre de faits que je crois, soit que je les aie vus moi-même, soit que je les admette vrais, parce qu'ils m'ont été affirmés convenablement.

Phénomènes divers, vous allez voir. Croyance à Dieu et au démon ; miracles produits par certains hommes ;

Sympathie et antipathie à première vue ;

Amour et haine, idem ;

[1] Pendant qu'ils donnent du sommeil magnétique.

Quelques hommes ayant une influence marquée sur un ou plusieurs ;

Somnambulisme naturel, magnétique, sommeil, rêves ;

Tables parlantes, seconde vue, catalepsie, hystérie, folie, passions contagieuses, la force de l'exemple ;

Pressentiments, vision à distance, sans magnétisme ;

Attraction, répulsion, (causes entrevues, nouvelles recherches à faire ;)

En un mot, les problèmes et affirmations de la philosophie, la médecine, la religion, sciences qui concernent l'homme, pris indépendamment du reste de la création, sans compter les superstitions, les préjugés, etc.

Si, par l'existence *admise du corps arômal*, on n'arrive pas à l'explication, à la démonstration de tous ces faits qui forment une large part dans la vie de l'homme, on pourra du moins se faire un faisceau d'arguments assez formidable pour dégoûter bien des concurrents sérieux.

Ah ! j'entends quelqu'un d'assez judicieux me dire qu'en expliquant trop on n'explique rien. Je le sais, mais il n'y a pas de meilleure explication ; y en a-t-il une ?

8

Vous niez; moi, j'explique. Qui est le plus fort?

Vous me direz que Fourier avait découvert le corps arômal avant moi...

Eh! c'est déjà quelque chose que d'avoir tiré de lui cette affirmation. Depuis ce grand philosophe, on n'a presque jamais rien dit à ce point de vue.

Avant de poursuivre, je dirai que M. Morin arrive par ses démonstrations mathématiques aux mêmes résultats que moi; ça me flatte. Restera à savoir si, dans l'échelle de l'infini, il y a *vibration* sans *fluide* [1]. Là est la question, entre M. Morin et le corps arômal. C'est assez compliqué.

En tous cas, nous expliquions en même temps, je pense, et en termes presque identiques, la rotation des tables, M. Morin à Paris, M. M... et moi en province. C'était le jour où le premier journal nous annonça le phénomène pour la première fois.

Pardon, M. Morin expliquait avant. Moi je ne connaissais pas le fait. Bah! permets-moi de te nommer, mon vieux Mauras. M. Mauras croit à l'âme unie, à la *lumière calorique*; c'est probablement aussi *électrique*, *magnétique*, *fluidique*, si ce n'est pas le fluide

---

[1] Il faut savoir : S'il y a vibration transmise directement par l'intermédiaire du fluide général, éther, ou bien s'il y a un fluide particulier à l'homme agissant *sur le fluide* d'un autre homme.

andromagnétique, corps aromal; ça y ressemble assez. Je crois que je viens de faire une phrase absurde; j'en demande pardon au lecteur, je ne l'ai pas faite exprès.

Maintenant, que j'ai donné le critérium et le mot magique, reste la manière de s'en servir. Las! ce n'est plus difficile; mais je me réserve la première lutte, si ça est considéré en valoir la peine, et je répondrai, question par question, sauf à apprendre beaucoup de choses en route. Je ne demande pas mieux.

Quant à faire un cours, je ne sais pas si je sais parler en public, et d'ailleurs je ne puis rester à Paris.

Il y a tant de choses à faire. Je suis persuadé qu'il y aurait même beaucoup d'argent à gagner à faire voir dans le verre d'eau une foule de choses intéressantes du présent, du passé et quelquefois vraies de l'avenir.

Pour ce qui concerne l'avenir, je n'ose répondre de rien, c'est trop délicat. Le fait est qu'on voit; l'expérience réussit huit fois sur dix, et d'ailleurs on pourrait *ne payer* qu'en cas de satisfaction complète.

Il semble, au premier abord, que c'est plus fort que ce que fait Alexis dans ses consultations. C'est une erreur, c'est beaucoup plus simple; car ici chacun est appelé à voir dans ses propres affaires, tandis que le somnambule voit pour tous et pour toutes les choses possibles. N'y a-t-il pas là une suffisante explication aux erreurs possibles chez les consultés, même ne fissent-ils pas de charlatanisme?

Quant à nous, nous considérons le charlatanisme comme une chose bête, étant complétement inutile.

Le vrai est bien plus facile à faire.

C'est quatre fois plus simple. Il y a au monde, tant hommes que femmes, l'immense majorité, bah! la totalité qui sont lucides, et qui ont, sans le savoir, un souvenir exact du passé, et un œil ouvert perpétuellement dans l'avenir, le *corps aromal* bien ou mal disposé, et plus ou moins en harmonie avec la matière du corps terrestre. Que fait l'âme dans le sommeil, etc.?

Mon dieu, messieurs de l'Académie des sciences, trouvez-vous que mon programme soit suffisant? Et si avec *un mot* j'en arrive à expliquer tout ce que j'avance, n'aurai-je pas résolu un peu du grand problème? Suis-je capable de résoudre les quelques questions que vous avez posées?

L'honneur d'une réponse, s'il vous plaît.

V. MICHAL,
rue Bergère, 23.
4 mai 1854.

Il est possible que l'on me dise que je suis fou, et qu'on ne me prenne pas au sérieux ! Il y a long-temps que j'y suis habitué, et cependant je magnétise, je fais voir dans le verre d'eau et le cercle magique, je rends lucide sans endormir et je fais obéir sans parler les mouches, les petits enfants, quelques ani-maux. J'ai guéri pas mal de maux de dents, et de douleurs névralgiques, sans compter parfois quelque peu de courage rendu, et de chagrin consolé, par l'imposition d'une main sympathique, et en soufflant chaud sur le front.

J'ai des amis sérieux qui ont une petite foi dans mes talismans, et qui trouvent que cela ne fait pas mal en tout cas, si c'est pour me faire plaisir qu'ils entrent dans ma folie, je les remercie sincèrement, mais je ne les ai jamais trop vus rire ; et un jour viendra où tout le monde en fera autant dans sa *sphère*, ce qui est à désirer.

Jusqu'à présent personne ne veut de mon bagage philosophique. C'est cependant curieux à entendre, au moins en théorie.

Théorie du séidisme, retrouvée (système du Vieux de la montagne).

Moyen de convertir les criminels, sans parler ;

Système d'éducation de l'enfance ;

La théorie des prières publiques faisant des miracles ;

Essai pour divers fléaux, à faire rationnellement, en se tenant les mains. En faisant pour une foule de choses ce que l'on fait autour d'une table pour la faire mouvoir, et réalisant le proverbe l'union c'est la force, etc., etc.

La vie en un mot. Comment faut-il m'y prendre pour vous intéresser ? Et dire que ce ne serait pas trop long ! Mon Dieu ! qu'il paraît donc facile de me prouver que je dois être mis aux Petites-Maisons ! Et si c'est Bicêtre qu'on me donne pour demeure, je supplie M. Moreau de Tours, de venir de temps en temps causer haschisch avec moi, au fond de mon cabanon. C'est une singulière chose que le haschisch ; n'est-ce pas, monsieur *Moreau ?*

Dans les deux parties qui forment la présente brochure, il y a des choses répétées, c'est parce que la seconde, relative aux tables tournantes, a été écrite bien longtemps avant la première. Et celle-ci m'est venue à l'idée sous l'influence du programme de concours proposé par l'Académie des sciences morales, programme que je ne connaissais pas en substance.

J'ai ici une observation sérieuse à faire. Il est probable que si j'eusse lu le remarquable ouvrage de M. Morin, intitulé : *Comment l'esprit vient aux tables,* avant d'avoir fait le mien sur le même sujet, je ne l'eusse pas publié, parce que, de fait, nous disons à peu près les mêmes choses. Cependant nous différons assez de fond pour que je ne sois pas même censé avoir pris quelque chose à M. Morin [1], que je reconnais beaucoup plus savant que moi, et dont, par conséquent, l'arsenal philosophique est mille fois sacré pour moi. Cette concordance de résultats, obtenus par des moyens différents, me donne la douce illusion que nous pouvons bien être dans le vrai ; jusqu'à présent nous sommes trois, à ma connaissance du moins.

Beaucoup de magnétiseurs, MM. Delaage, Dumez, Deleuze, Teste, Bertrand, etc., pourraient me dire qu'il y a longtemps qu'on admet le fluide magnétique.

C'est vrai, mais ils n'en font pas une chose assez matériellement agissante et constituant, pour l'*homme* en général, une nécessité d'existence et une portion intégrante de sa vie, même usuelle. Jamais ils ne l'ont envisagé au point de vue du corps arômal. Seul M. Dumez l'a pressenti étant en somnambulisme.

Qu'il y a donc longtemps que je cherche une vérité à opposer à l'erreur possible dans laquelle je me retourne sur moi-même, en me retrouvant toujours de plus en plus à cheval sur mon dada, qui est souvent un fil d'archal à peine tendu.

Mais je ne vois partout que négation ou doute.

Essayez donc une heure de mon mot de passe, messieurs les savants.

Eh ! j'ai cru un jour que Bichat avait bu à la même source que moi. Ce n'a été qu'un éclair, la lumière ne s'est pas faite complète pour lui.

---

[1] Voir la remarquable publication de M. Morin, *Magie du* XIX* *siècle*, trois numéros parus.

Je ne sais rien en fait de méthode philosophique ,
l'éclectisme est un dédale que dans mon esprit de pa-
resse je ne veux considérer que comme historique, et
impuissant à donner une conviction.

La théorie du corps arômal, seconde enveloppe de
l'âme, moyen d'action de l'âme sur la matière, et pouvant lui servir de mode de manifestation une fois sépa-
rée du corps matériel [1], rayonnant autour de l'homme,
le saturant atomistiquement, n'étant peut-être que la
résultante des diverses fonctions du corps, mais en
tout cas, bien et dûement convaincu d'existence.
Voilà le secret de la nature , sur lequel j'appelle l'at-
tention de la science. Ma voix sera-t-elle entendue ?

[1] Est-il nécessaire de dire : que le corps aromal peut, sans que
l'homme le sache , se transporter *physiquement* d'un point à un
autre, qu'il pénètre les corps opaques, et que, *subtil et intelligent*,
c'est lui qui forme *les jugements*, cause inconnue des *sentiments dits
instinctifs*, c'est-à-dire *spontanés* et *en dehors de la conscience*.

DES TABLES TOURNANTES

EXPLICATION.

J'entends dire que l'affaire des tables tournantes est morte et qu'il est oiseux de s'en occuper; ce n'est point mon avis, ne vous en déplaise, et d'ici peu la fureur va reprendre un nouvel accès. Dieu seul sait jusqu'où ça ira cette fois-ci.

C'est donc pour apprendre un peu à l'immense quantité de croyants ce qu'ils ont fait et ce qu'ils feront encore, peut-être ce qu'ils devraient faire, que je publie, à ce sujet, quelques idées que je crois justes, sauf discussion ultérieure, cela va sans dire.

Et d'abord personne n'a encore fait d'explication

satisfaisante, toujours à cause des systèmes et des préjugés.

Messieurs les magnétiseurs, qui voulez que la table se sature de fluide magnétique et obéisse comme fait un somnambule bien élevé, vous êtes dans une grande erreur, car vous êtes obligés de toucher la table, chose parfaitement inutile pour saturer un objet de fluide.

Monsieur Faraday, veuillez m'expliquer comment il se fait que la table obéisse à un ordre mental, alors vous aurez mille fois raison. Mais n'essayez pas, les mathématiciens ne sont pas compétents en matière d'action sans manifestation visible extérieure.

Donc, il n'y a pas eu jusqu'à ce jour moyen de s'entendre et de combiner ces deux opinions qui sont vraies et que vous rendez fausses, on le dirait, à dessein. Il me semble toujours voir, dans ces discussions, plaider le faux pour sonder l'opinion de l'opposant, et se moquer de lui.

C'est pourtant bien simple. Prenons l'expérience dans sa nudité primitive. Quelques personnes se placent autour d'une table, y posent leurs mains en se touchant les unes les autres, et, au bout d'un temps plus ou moins long, la table tourne et entraîne les expérimentateurs. Quelquefois l'expérience manque ; il y a de cela une infinité de causes possibles.

Eh ! messieurs les magnétiseurs, vous avez raison, il y a une action magnétique, mais elle s'exerce sur les personnes qui font l'expérience, qui constituent alors une chaîne, non sur la table ; et la chaîne tend à combiner, à coordonner *tous* les efforts de toutes les personnes ; je souligne le mot *tous*, parce qu'il y a dans l'homme des forces dont il ne se rend pas compte, qui agissent spontanément, et que ces dernières jouent ici un rôle important. Sous l'influence de la chaîne qui constitue le groupe humain parfait (l'union fait la force), chaque mouvement de chacun des sujets se confond avec celui de tous ; alors l'impulsion est donnée et agit comme l'a admirablement exposé M. Faraday.

C'est un effort analogue, mécanique et spontané, qui fait que la table obéit à un ordre donné à haute voix par une des personnes de la chaîne.

Avant d'aller plus loin, je dirai aux incrédules, à ceux qui nient le phénomène en principe, que je les mets au défi de faire tourner la table sans faire la chaîne préalablement et sans efforts visibles.

Passons à la partie intéressante du phénomène, c'est-à-dire à la faculté singulière qu'a ou que peut avoir la table de répondre à des questions dont personne ne peut savoir et ne sait la solution, en un mot la lucidité possible des tables.

Remarquons en passant qu'il y a généralement un chef nommé pour l'expérience et que c'est à lui que le meuble obéit. Eh bien, c'est la chaîne qui accomplit et qui fait accomplir au meuble les ordres du dictateur, qui s'est souvent nommé lui-même ! Chacun des assistants ayant pris l'engagement tacite de faire le sacrifice de sa propre volonté.

N'est-il jamais arrivé de luttes entre expérimentateurs, et dans ce cas-là la raison du plus fort n'a-t-elle pas été encore la meilleure ? Ceci entre parenthèse ?

Eh bien ! dans la lucidité faussement accordée aux tables, il se passe ceci, c'est que l'un des anneaux de la chaîne humaine (andro-magnétique) serait probablement lucide étant magnétiquement endormi ; que cette lucidité qui existe en germe d'une manière latente dans chaque individu, agit en lui sans qu'il s'en rende compte et qu'il devient *forcément* chef de file, parce qu'il est le seul qui sache et *puisse* agir par cela même. Quelquefois la table se *trompe* ou ne sait ce qu'elle dit, cela vient ou de ce qu'il y a lutte *sourde* parmi les membres du groupe, ou qu'aucun n'est assez lucide.

Il y a une singulière relation entre les tables en pe-

tit et la vie humaine en général ; il y aurait toute une
série de rapports, non-seulement ingénieux mais
vrais; est-il nécessaire de les montrer ? ce serait bien
long ?

Ah ! j'oubliais de raconter comment il arrive dans
la table des esprits, ayant vécu déjà, etc. — Eh ! nous
en arrivons directement à la métempsycose de Fourier. C'est généralement une des vies du chef de file,
que celui-ci raconte sans se douter de l'indiscrétion
qu'il commet à son propre endroit.

AVIS.

L'importance relative et le mérite de chaque indivi-
dualité augmentant à chaque passage d'une vie pré-
cédente à une autre , explique l'infériorité ou la
supériorité des esprits dans les conversations directes
avec les tables qu'ils sont censés habiter.

Nous pourrions aussi, de cette série d'idées, tirer
qu'il est bien possible que M. Victor Hennequin soit
animé, ou inspiré par l'âme de la terre, etc. C'est
inutile, pourvu que ce qu'il dit soit bon et vrai. Il y a
toujours lieu à discuter quoi que ce soit, du moment
que c'est un homme qui le dit, de quelque part que

cela lui vienne, car il peut avoir mal compris, et mal exprimé ce qu'on lui impose.

24 Novembre 1853.

V. MICHAL.

23 *rue Bergère.*

P. S. Déductions paradoxales (en apparence).

1° Théorie des Seïdes. (Moyen de se faire suivre par des populations, derviches, fakirs, saints de toutes religions, grands hommes, etc., etc.)

2° Destruction de la plaie de l'agiotage, par l'installation d'un bureau de renseignements magnétiques, vrais ou faux, pouvant faire la hausse et la baisse, par l'appréciation des causes connues de loin. Hydromancie. — 100 fr. la séance, 23, rue Bergère, avec ou sans charlatanisme, payés après avoir vu.

3° Les passions ou sentiments, effets nerveux se produisant de proche en proche par contagion.

4° Explication des phénomènes résultant des rapports mystérieux et occultes, entre les membres de l'humanité, qui devrait être et qui sera un jour une grande chaîne magnétique.

5° Miracles produits par des prières publiques ; autrement la volonté des masses agissant directement sur les causes.

6° Agence de santé générale, ou chaîne magnétique permanente d'individus bien portants, avec lesquels les malades seraient mis en rapport.

7° Essayons donc une fois de faire une chaîne magnétique puissante sur un cadavre encore chaud. L'électricité agit en pareille circonstance, qui sait si l'électricité humaine n'agirait pas et comment elle agirait ?...

L'explication rationnelle des tables tournantes est un des détails les moins importants du magnétisme.

Conseils aux expérimentateurs.

Il vaut mieux que les personnes qui font la chaîne soient en nombre impair. Le nombre sept, type du groupe parfait, en langage de Fourier, est le plus convenable.

Les accidents physiques, survenant dans le courant de l'expérience, qui peuvent être graves, négligés ou secourus par la médecine ordinaire, ne sont rien si le chef de la chaîne impose sa volonté pour guérir et calmer, quelques passes magnétiques suffisent.

En dernière analyse, comme les tables parlantes, les anneaux qui répondent, etc., ne sont que des moyens matériels de manifestation de la lucidité latente de chacun, ou d'une résultante des lucidités de plusieurs, il vaudrait infiniment mieux les supprimer et se borner à faire chaîne libre. Les expériences deviendraient plus générales et auraient alors une véritable portée scientifique, morale, etc..., on pourrait dire immense, *universelle*. Le chef de la chaîne, en général, ou celui qui devrait l'être et qui le deviendrait forcément alors, serait l'organe de la lucidité générale et répondrait en langue vulgaire, ce qui serait une grande économie de ressorts.

Quant aux évocations d'esprits ou d'âmes de trépassés, elles se font mille fois mieux sans table qu'avec.

Il est facile de comprendre par ces quelques derniers paragraphes quel parti on peut tirer de ce phénomène en l'appliquant avec intelligence et sans absurdes complications.

La théorie des séides, de l'enthousiasme imposé, etc.; se vend chez l'auteur, 100,000 francs de rente, payés d'avance. J'ai proposé le marché à l'âme de la terre pour l'application du procédé à la béatification universelle ; il paraît qu'elle n'est pas habile à contracter.

J'ai recours à la publicité, si quelque amateur se présente, je lui indiquerai de vive voix les démarches préalables et le *cahier des charges;* c'est un marché excellent.

Au choix, diable ou ange, derviche, avec avantages attachés à la position. Don des miracles. Talismans, sentiments quelconques imposés sur un ou plusieurs, depuis l'idée simple jusqu'à la catalepsie de l'acte, intelligence développée, avec tous les dangers de l'arme; par exemple, je ne réponds pas qu'elle n'éclate pas.

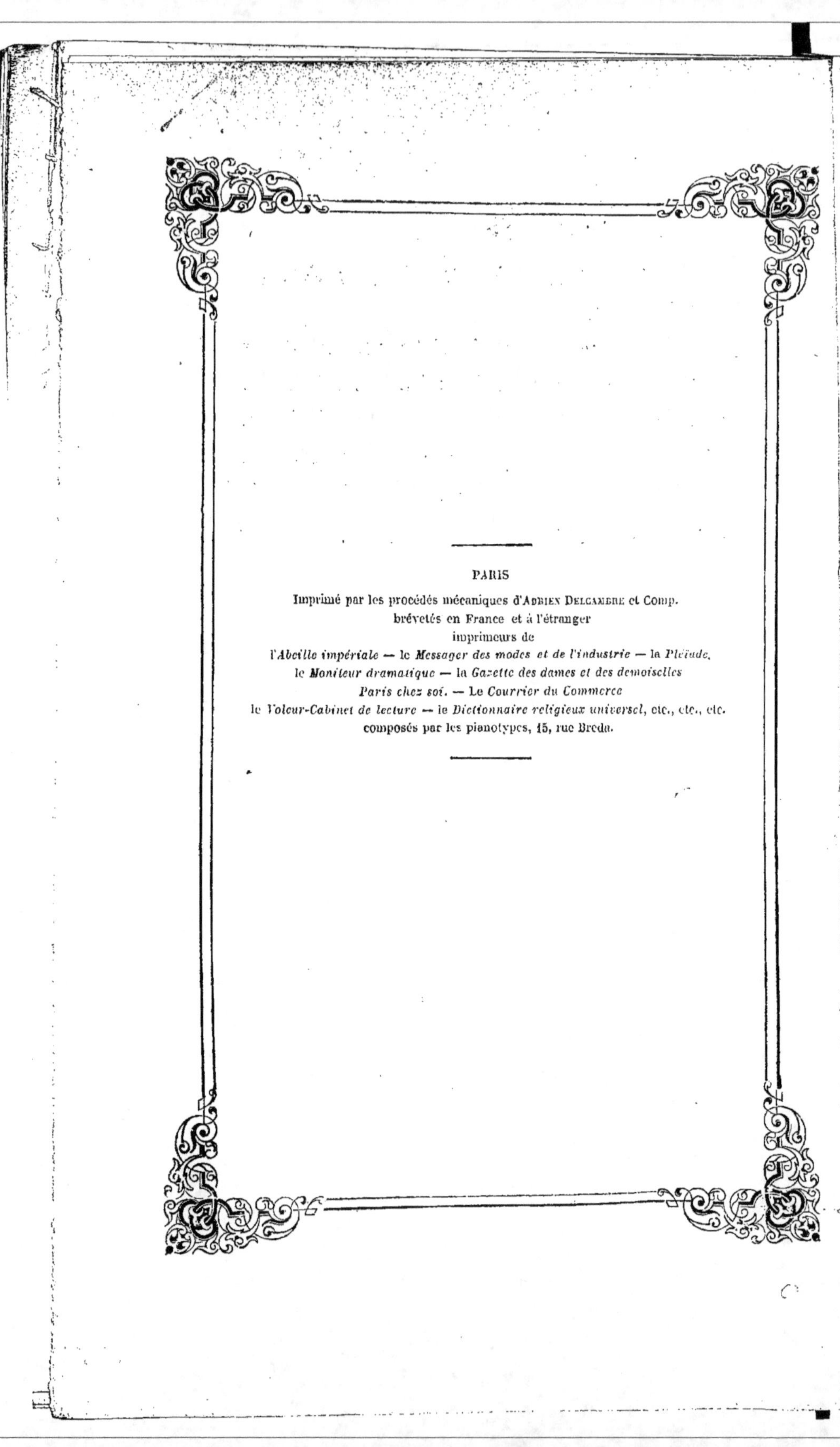

PARIS

Imprimé par les procédés mécaniques d'Adrien Delcambre et Comp.
brévetés en France et à l'étranger
imprimeurs de
l'*Abeille impériale* — le *Messager des modes et de l'industrie* — la *Pléiade*,
le *Moniteur dramatique* — la *Gazette des dames et des demoiselles*
Paris chez soi. — Le *Courrier du Commerce*
le *Voleur-Cabinet de lecture* — le *Dictionnaire religieux universel*, etc., etc., etc.
composés par les pianotypes, 15, rue Breda.